"十一五"国家重点图书出版规划项目

数学文化小丛书

李大潜　主编

奇妙的无穷

Qimiao de Wuqiong

李　忠

图书在版编目（CIP）数据

数学文化小丛书. 第2辑：全10册 / 李大潜主编. -- 北京：高等教育出版社，2013. 9(2024. 7重印)
ISBN 978-7-04-033520-0

Ⅰ. ①数… Ⅱ. ①李… Ⅲ. ①数学－普及读物 Ⅳ. ① O1-49

中国版本图书馆CIP数据核字（2013）第226474号

项目策划 李艳馥 李 蕊

策划编辑 李 蕊　　责任编辑 张耀明　　封面设计 张 楠
责任绘图 杜晓丹　　版式设计 张 岚　　责任校对 王效珍
责任印制 存 怡

出版发行	高等教育出版社	咨询电话	400-810-0598
社　　址	北京市西城区德外大街4号	网　　址	http://www.hep.edu.cn
邮政编码	100120		http://www.hep.com.cn
印　　刷	保定市中画美凯印刷有限公司	网上订购	http://www.landraco.com
开　　本	787mm×960mm 1/32		http://www.landraco.com.cn
总 印 张	28.125		
本册印张	2.125	版　　次	2013年9月第1版
字　　数	38千字	印　　次	2024年7月第11次印刷
购书热线	010-58581118	总 定 价	80.00元

本书如有缺页、倒页、脱页等质量问题，请到所购图书销售部门联系调换
版权所有　侵权必究
物 料 号　12-2437-42

数学文化小丛书编委会

顾　问：谷超豪（复旦大学）
项武义（美国加州大学伯克利分校）
姜伯驹（北京大学）
齐民友（武汉大学）
王梓坤（北京师范大学）
主　编：李大潜（复旦大学）
副主编：王培甫（河北师范大学）
周明儒（徐州师范大学）
李文林（中国科学院数学与系统科学研究院）
编辑工作室成员：赵秀恒（河北经贸大学）
王彦英（河北师范大学）
张惠英（石家庄市教育科学研究所）
杨桂华（河北经贸大学）
周春莲（复旦大学）
本书责任编委：李　蕊

数学文化小丛书总序

整个数学的发展史是和人类物质文明和精神文明的发展史交融在一起的。数学不仅是一种精确的语言和工具、一门博大精深并应用广泛的科学，而且更是一种先进的文化。它在人类文明的进程中一直起着积极的推动作用，是人类文明的一个重要支柱。

要学好数学，不等于拼命做习题、背公式，而是要着重领会数学的思想方法和精神实质，了解数学在人类文明发展中所起的关键作用，自觉地接受数学文化的熏陶。只有这样，才能从根本上体现素质教育的要求，并为全民族思想文化素质的提高夯实基础。

鉴于目前充分认识到这一点的人还不多，更远未引起各方面足够的重视，很有必要在较大的范围内大力进行宣传、引导工作。本丛书正是在这样的背景下，本着弘扬和普及数学文化的宗旨而编辑出版的。

为了使包括中学生在内的广大读者都能有所收益，本丛书将着力精选那些对人类文明的发展起过重要作用、在深化人类对世界的认识或推动人类对世界的改造方面有某种里程碑意义的主题，由学有专长的学者执笔, 抓住主要的线索和本质的内容, 由浅入深并简明生动地向读者介绍数学文化的丰富内涵、数学文化史诗中一些重要的篇章以及古今中外一些著名数学家的优秀品质及历史功绩等内容。每个专题篇幅不长, 并相对独立, 以易于阅读、便于携带且尽可能降低书价为原则, 有的专题单独成册, 有些专题则联合成册。

希望广大读者能通过阅读这套丛书, 走近数学、品味数学和理解数学, 充分感受数学文化的魅力和作用, 进一步打开视野、启迪心智, 在今后的学习与工作中取得更出色的成绩。

李大潜

2005 年 12 月

目　　录

一、引　　言

在学习数学的过程中，人们无一不为它内容的和谐、统一而深感其优美. 可是, 你可曾知道在数学发展的历程中，曾经一次又一次地出现过激烈的矛盾与冲突，有人称之为“数学危机”. 而每次危机之后, 数学又有了新的发展与繁荣.

当我们把数学与其他学科相比时，人们不禁为它“永恒”的确定性而感叹不已. 可是, 你可曾注意到, 在这个最具确定性的学科中，一个最不确定的东西 —— “无穷”, 在不知不觉中渗透于数学的许多基本概念与结论之中，并扮演着一个非同小可的神奇角色. 数学的发展因为它而步履艰难; 数学的成就却因为它而多姿多彩. 无穷之于数学的意义, 可谓奇妙.

在数学发展的历史中，曾出现过三次“数学危机”: 公元前 500 年无理数的发现, 17 世纪中叶微积分创立初期无穷小量问题， 19 世纪末及 20 世纪初集合论所引发的矛盾. 此外, 关于欧几里得第 5 公设(平行公设) 的讨论导致了非欧几何的诞生，虽然不是一场危机,但在数学思想上却是一场重大革命. 所有这些事情的发生无不与“无穷”有关.

在这本小册子中, 我们将用通俗易懂的语言, 以三次 “数学危机” 和非欧几何的建立为线索, 来剖析“无穷”的意义, 介绍数学家们为认识它、征服它所做的艰苦努力, 并介绍各时期数学家们的不同主张, 希望以此增进读者对数学的进一步了解与兴趣.

这是一本通俗读物. 具有高中数学知识的人, 都可读懂这本小册子的绝大部分内容.

希望大家喜欢它.

二、在不同人眼中的无穷

“无穷”并不是数学的专用名词，很多领域都使用它.

在日常生活中，人们会使用“无穷”或“无限”这样的词汇，来形容某种极端的事物，或者个人的感受. 比如，“前途无限”，“无限崇拜”，“夕阳无限好”，“后患无穷”等等，诸如此类. 这里的所谓“无穷”或“无限”只不过是一种夸张了的形容词罢了，并没有什么严格的含义.

旧日的皇帝很喜欢使用类似于“无穷”的大字眼. 他们认为自己的权力与尊严“至高无上”. 他们一方面草菅人命，另一方面却说他们对臣民“恩重如山”，“皇恩浩荡”. 他们不仅希望自己的权力在空间上是无限的，而且还希望这种权力在时间上也要无限延续. 于是他们要臣民们天天高呼“万岁”，“万寿无疆”，一直到寿终正寝为止.

在虔诚的宗教信徒的心中，神有着“无穷”的力量与智慧，创造了世间的万物. 神的“法力无边”、“无处不在”，时时处处在保佑人们，普度众生. 因此，神就成了“无穷”的化身.

“无穷”是古今中外的哲学家们喜欢谈论的话题之一. 主张辩证法的哲学家们认为“无穷与有穷是对立的统一”. 他们会用“无穷”来描述世界的多样性, 论述世界无限可分性. 此外, 他们还用“无穷”来解释绝对真理与相对真理的关系: “绝对真理是无穷多个相对真理之总和”.

然而, 形而上学的哲学家们却常常利用“无穷”来否认运动与变化. 最典型的代表就是古希腊的形而上学的学者芝诺 (Zeno, 公元前 5 世纪). 他的许多悖论都是如此, 比如, 神行太保阿希里斯不能追上乌龟的悖论. 他认为, 当阿希里斯走到乌龟起始点 A_0 时, 乌龟走到了 A_1; 当阿希里斯走到 A_1 时, 乌龟又走到了 $A_2 \cdots\cdots$ 如此这般, 阿希里斯永远赶不上乌龟. 在这里他忘记了一个基本事实; 点的序列 $A_0, A_1, A_2, \cdots$ 虽是无穷的, 但它们所形成的总距离是一个有穷数.

中国古代《庄子》中有一段记述:

“一尺之棰, 日取其半, 万世不竭.”

这一段话生动地描绘了一个趋于零而不等于零的无穷过程. 它还告诉我们, 一个有穷量可以是无限个量之和:

$$1 = \frac{1}{2} + \frac{1}{4} + \frac{1}{8} + \cdots.$$

物理学家们似乎并不喜欢谈论抽象的无穷, 只在没有办法时, 才会无奈地使用无穷. 比如, 当他们定义一个静电场的电位时, 不得不借助于无穷远的概念: 一个点的电位等于单位正电荷从"无穷远"点移动到给定点所作的功. 又比如, 在讨论宇宙的第二速度时, 也要用到"无穷远".

不过, 物理学家们注重实际, 在对待无穷的态度上要比数学家灵活得多. 与数学家相比, 物理学家们似乎更多一点辩证法. 在他们眼中, 无穷有时只是一个相对大的数而已. 物理学家们有所谓"尺度"的概念. 在宏观的尺度下, 一钠米的长度, 就可以被视为 0, 而加以忽略. 反过来, 在钠米尺度下, 一千米大概可以认为是无穷大了.

当物理学家考察一个普通的 (比如, 几厘米大的) 凸透镜时, 自阳光射来的光线就自然被视作平行线, 通过凸透镜后光线会在某处聚焦. 在这种情况下, 太阳到凸透镜的距离被看作无穷远 (见图 1).

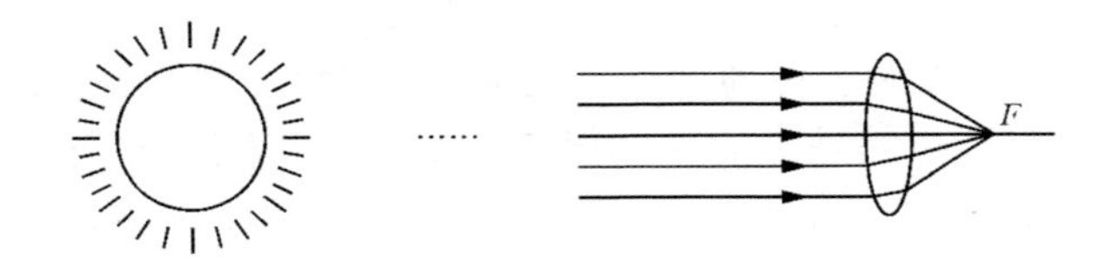

图 1　太阳被视为在无穷远处

三、数学与无穷

在数学家看来, 大数不等于无穷, 而很小很小的数也不应等于零. 在他们的眼里, 无穷就是无穷. 在任何情况下, 数学家们都不会把相对大的数看作无穷, 不论它有多么之大.

当你站在海边, 遥望着波涛万里、天海相连的壮观景色时, 你会无限感慨: 大海是如此广阔. 那时, 你可能会想到无穷. 但是, 理性会立刻告诉你, 这只不过是地球的一小部分, 而地球的直径只不过 12 753 千米, 而其大圆周长只不过 4 万多千米. 这并不是很大的数.

当你在夏天的夜晚眺望星空时, 你会想到 "宇宙是无穷的". 可是, 对于 "无穷" 二字, 可能仅限于一种感慨而已, 并没有多少实际内容. 让我们看一组天文学家提供的数字吧:

地球到月球的距离 = 38 万千米. 但以光的速度行进, 从地球到月亮只需 1 秒多 (光速 = 300 000 千米/秒).

太阳到地球的距离 = 约 1 亿 5 千万千米, 是月亮到地球的距离的 400 倍.

天鹅座 61 到地球的距离 = 103 万亿千米, 比太阳远 69 万倍, 以光速前进, 要花 11 年的时间. 这个距离叫做 11 光年.

银河系的直径 = 10 万光年, 其厚度 = 5 千至 1 万光年. 银河系之外, 还有许多许多类似于银河系的其他星系.

仙女座星云到地球的距离 = 170 万光年. 它离我们是何等的遥远!

看了这组数字后, 也许你对宇宙之大和自己的渺小会发出某种新的感慨. 可是, 在数学家看来, 即使是亿万光年的距离, 也决不是数学中的无穷远. 数学家们关于无穷的概念的这种近于"顽固"的态度, 是由于数学中的无穷完全是针对数学对象的某种纯理性的抽象物.

当我们谈到一条 (无限) 直线时, 实际上是把它作为一条直线段向两端无限延长的结果, 它只是一个想象的结果.

当人们讲到自然数 n 趋于无穷 (即 $n \to \infty$) 时, 实际上是数学家们设想了一个无穷大 ∞, 用 $n \to \infty$ 来描述自然数无限制地增大的过程而已. 这里无穷大依然是一个纯理性的抽象物.

既然如此, 数学家当然就不可能把相对大的数视作无穷了.

数学家为什么要"制造"出一个"无穷"呢?

这是因为数学离不开无穷. 宇宙是无穷的. 作为描述大自然的语言, 数学必然要涉及无穷. 况且无穷与有穷是对立的统一，任何有穷中也都包含着无穷. 就像《庄子》描述的那样：一个一尺之棰可以分解成无穷段之和. 数学家注定要与无穷打交道，这是不可避免的. 不仅高等数学如此，即使是初等数学也是如此. 比如，当我们谈及平面上两条直线平行时，实际上指的是两条永远不相交的无限直线. 这里已经包含了“无穷”.

当我们谈到无理数时，认为它是一个无限不循环的小数. 这里又用到了“无限”.

当我们谈论实数集合、自然数集合、有理数集合时，都必然涉及无穷多个元素.

当我们说下列公式

$$1^2+2^2+\cdots+n^2=\frac{1}{6}n(n+1)(2n+1)$$

对一切自然数成立时，必然涉及无穷多个自然数. 幸亏有了数学归纳法，它为我们提供了一种办法，使我们不必逐一演算这个公式. 但是，本质上这个公式代表了无穷多个等式.

更不必谈到微积分和无穷级数了，那里处处涉及无穷. 任何极限过程都是一个无穷过程.

不仅如此，无穷在数学中扮演着一个非同小可的角色. 当我们断言三角形内角之和等于 180° 时，表面上这里与无穷无关，但不要忘记它依赖于平行公设，而平行公设必然涉及无穷.

无穷对数学的影响将从后面的叙述中进一步看出.

著名数学家希尔伯特 (Hilbert, 1862—1943) 曾

经明确指出:“数学是关于无穷的科学”.他的话并没有错.

在对待无穷的态度上,数学家们并不是铁板一块.他们之中有的承认它,有的根本拒绝它.有的不承认有所谓“实无穷”,只承认有所谓“潜无穷”.数学基础的研究者们因此分作两派:“直觉主义者”与“形式主义者”.他们争论不休,特别是在集合论问题上产生过尖锐的矛盾.

无穷与有穷是数学中一个最基本的矛盾.一方面,人的经验是有穷的,人所认识的事物是有穷的,人们的逻辑推理步骤是有穷的;另一方面,数学又必须涉及“无穷”.这就不可避免地引发了一次又一次的矛盾,甚至引发“数学危机”.数学也正是在克服这些矛盾与“危机”中向前发展.

在某种意义上可以说,数学的历史就是一幅数学家与无穷拼搏的画卷.

四、毕达哥拉斯学派与无理数

大家知道毕达哥拉斯的名字，是由于那个尽人皆知的定理，这个定理在中国也叫勾股定理．但很多人不知道以他命名的学派，更不知道这个学派中曾经发生的一个重要事件——发现了无理数，并引发了一场风波．有人称之“第一次数学危机”．这场风波本质上就是由无理数的“无穷性”而引起的．

在公元 500 多年前，古希腊的数学家、天文学家和哲学家毕达哥拉斯，为了躲避暴政跑到了意大利南部的克罗托内，并在那里组织了一个秘密团体．这个团体既是一个政治与宗教的组织，又是一个学习、研究数学、天文与哲学的学术组织．

他们有着严明的纪律，并把一切发现都归功于他们的首领——毕达哥拉斯．他们的成果也要严格保密．因此，他们的事迹，传说多于记载，而有些传说今天已无法考证．

但可以肯定，在当时他们已经掌握了相当一批几何定理的证明，特别是被后世人称之为毕达哥拉斯定理的证明．这在当时确实是一项了不起的成就．

图 2　毕达哥拉斯画像

该学派非常重视对数学的研究，并试图以此解释世界. 他们宣称"世间一切皆数". 不过，那时他们所说的只是整数而已.

受当时的哲学的影响，他们认为世界的物质是由"原子"组成（但要提醒读者，那时"原子"一词的意义与现代科学的理解是大相径庭的）. 基于这一看法，他们提出了一条假定作为他们证明定理的公设之一. 这个公设断言:

任意两条直线段均有公度.

更具体地说，若 a 与 b 为任意给定的两条直线段的长度，则存在一条直线段，其长度为 d，使得 $a = md, b = nd$，其中 m 与 n 是正整数（见图 3）.

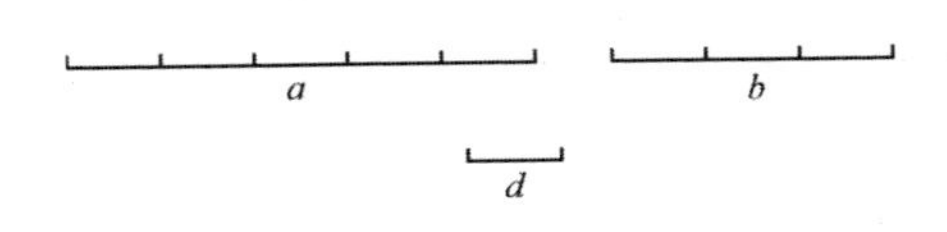

图 3　线段的公度

在毕达哥拉斯学派证明的定理中，有一批定理与这个公设相关，如两个相似三角形的对应边成比例以及有关三角形面积的定理.

然而，这个公设并不符合事实. 否定这公设的人，恰好就来自这个学派内部. 有两种传说：一种说法是，一个叫希伯苏思 (Hippasus) 的人发现，等腰直角三角形的腰与斜边 (或正五边形的边与对角线) 没有公度；另外一种说法是，希伯苏思向外人泄露了这个秘密. 据说，希伯苏思被残酷地抛入了大海.

当时，他们是用下面的观察来证明等腰直角三角形斜边与腰没有公度的. (正五边形的边与对角线没有公度的证明见本丛书第 5 册，李大潜《黄金分割漫话》.)

假定等腰直角三角形 $\triangle ABC$ 的腰 $CB = a$ 与斜边 $AB = c$ (见图 4)，并假定线段 a 与 c 有公度 d，即 $c = md, a = nd$，其中 m 与 n 是正整数.

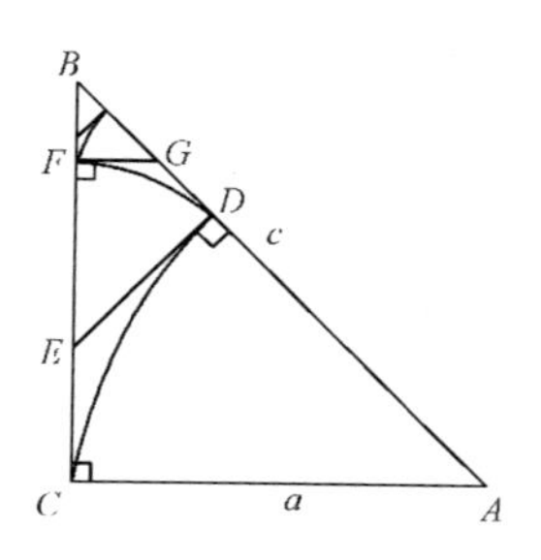

图 4　等腰直角三角形的腰与斜边无公度的证明

在斜边上取一点 D 使得 $AD = a$. 然后，在 D 处作直线 $DE \perp AB$，交 BC 于 E. 容易证明，$BD =$

$DE = EC$. 这样, 我们有

$$\begin{aligned}BD &= AB - AD = c - a = (m-n)d;\\ BE &= BC - EC = BC - BD\\ &= a - (m-n)d = (2n-m)d.\end{aligned}$$

这就是说, d 也是 BD 与 BE 的公度.

另一方面, $\triangle BDE$ 也是一个等腰直角三角形, 而 d 是这个三角形的腰与斜边的公度. 以此为出发点, 重复刚才的步骤, 又得到一个等腰直角三角形 BGF (如图 4 所示), 并且 d 也应该是这个三角形的腰与斜边的公度. 继续这样的步骤, 我们会得到一系列的等腰直角三角形, 而 d 是所有这些等腰直角三角形的腰与斜边的公度. 这是不可能的; 这是因为这些三角形的边长趋于零.

根据毕达哥拉斯定理, 等腰直角三角形的腰与斜边不可公度, 意味着数 $\sqrt{2}$ 不能表成 n/m 的形式, 其中 m 与 n 是整数. 也就是说, $\sqrt{2}$ 不是有理数. 这是人类第一次发现了无理数. 在毕达哥拉斯学派之后, 亚里士多德直接用反证法证明了 $\sqrt{2}$ 不是有理数. 这个证明便是现代的教科书中大家常见的证明. 亚里士多德声明这一结果来自毕达哥拉斯学派 (见文献 [1]).

古希腊人发现了无理数, 其意义重大. 它引发了一系列的进一步研究.

在数学中, 凭空多出来一种数 —— 无理数, 不知道其定义, 不知道怎样比较它们的大小、怎样进行运算, 这难道不值得研究吗? 此外, 有一批依赖于有公度假设的定理的证明失效了, 不知它们是否还成立. 更由于这些定理又是十分基本的, 这就绝非小事一桩了.

现在, 我们仅以相似三角形的对应边长成比例的定理为例, 来说明问题的所在. 在有公度的假设下, 这条定理的证明如图 5 所示. 在该图中, 我们把两个相似三角形画在一起, 并假定 AB 与 AB' 有公度, 它们的比值为 $m:n$ (m,n 为正整数). 按照图中所提示的办法, 可以推出 AC 与 AC' 之比也为 $m:n$.

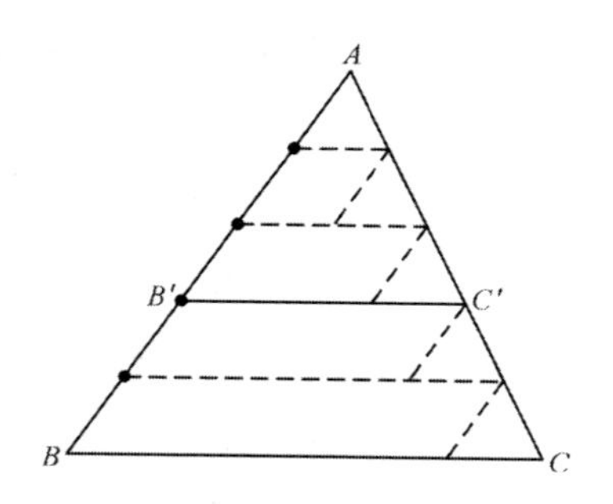

图 5　相似三角形对应边成比例的早期证明

现在, 两条线段总有公度的假设不再成立了, 上述的证明也就行不通了. 那么, 这个定理应该怎样证明呢? 要知道, 这个定理可是三角学及其应用的基础. 这么重要的定理不可以没有证明.

其实, 在许多其他地方还用到了有公度的假设. 比如, 在通常我们解释矩形面积公式办法中, 实际上也用到了公度存在.

设有长为 a、宽为 b 的矩形 R. 当我们解释 R 的面积为 $a\times b$ 时, 通常采用的办法是, 假定 a 与 b 有公度 d, 即 $a=md, b=nd$, 其中 m 与 n 为正整数. 显然, 这时 R 可以分成 $m\times n$ 个边长为 d 的正方形之和, 如图 6 所示. 这样, R 的面积等于 $m\times n$ 个边长为 d 的小正方形的面积, 而 $m\times n\times d^2=md\times nd=a\times b$.

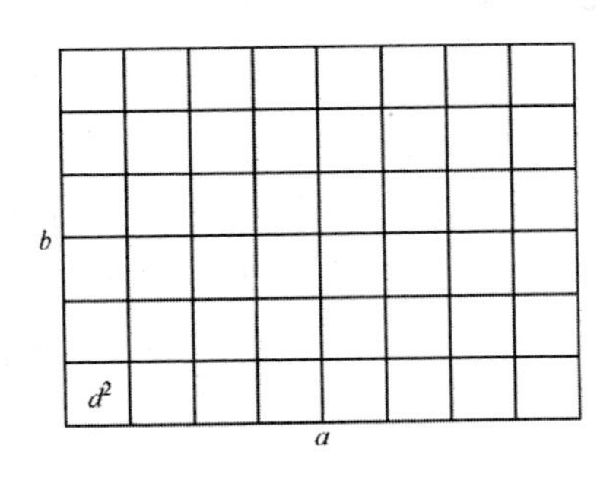

图 6　通常关于长方形面积公式的解释

假如矩形的长与宽没有公度时, 又该如何解释这一熟知的公式呢? 你有办法吗?

总之, 这些问题的存在直接关系到了几何学中的一些基本问题. 正是因为这个理由, 才有人把这些问题的出现, 称之为 “第一次数学危机”.

古希腊文化的一个重要特征, 就是崇尚对理性完美的追求. 在数学上, 它就表现为任何命题都必须根据某些公设与公理加以证明. 正是由于这种精神, 他们才发现了无理数. 同样也正是由于这种精神, 古希腊人自己克服了这一场数学危机.

在毕达哥拉斯学派之后的一百多年, 希腊数学

家欧多克斯 (Eudoxus, 公元前 400 — 前 347) 完整地解决了这次危机中的问题. 他以一种巧妙的方法, 给出了两条线段的比值的定义, 以及比较这种比值的大小的办法, 并使得与此相关的定理有了完整的证明.

下面介绍欧多克斯的办法.

设有四条线段: $a, a'; b, b'$. 在取消了可公度的公设之后, 我们必须对于比值 $\frac{a'}{a}$ 与 $\frac{b'}{b}$ 相等与大小关系作出明确的定义. 欧多克斯的定义如下: 考虑任意两个自然数 n 与 m, 如果对一切 n 与 m, 总能由 $ma' \geqslant na$ 推出 $mb' \geqslant nb$, 并且反之亦然, 那么我们就称比值 $\frac{a'}{a}$ 与 $\frac{b'}{b}$ 相等. 若存在两个自然数 m_0 与 n_0 使得

$$m_0a' \geqslant n_0a, \quad \text{而} \quad m_0b' < n_0b,$$

则称 $\frac{a'}{a} > \frac{b'}{b}$; 若存在两个自然数 m_0 与 n_0 使得

$$m_0b' \geqslant n_0b, \quad \text{而} \quad m_0a' < n_0a,$$

则称 $\frac{a'}{a} < \frac{b'}{b}$.

这里应该指出, 欧多克斯的定义在几何上是可操作执行的. 这是因为根据通常的几何公设, 做一条给定线段的整数倍总是可能的, 而比较 ma' 与 na (或 mb' 与 nb) 的大小同样也是可能的.

根据欧多克斯这一定义, 一般情形下的相似三角形的对应边成比例的命题成立. 有兴趣的读者不妨自己试着去证明它.

说到底，欧多克斯的办法是用有理数去刻画无理数．他的办法相当于说，如果对任意的自然数 m 与 n，总能由 $\dfrac{n}{m} \leqslant \dfrac{a'}{a}$ 推出 $\dfrac{n}{m} \leqslant \dfrac{b'}{b}$，并且反之也成立，那么我们就称 $\dfrac{a'}{a} = \dfrac{b'}{b}$．如果存在一对自然数 m_0 与 n_0 使得 $\dfrac{n_0}{m_0}$ 介于 $\dfrac{a'}{a}$ 与 $\dfrac{b'}{b}$ 之间，那么就据此确定它们的大小关系．当然，我们不能直接这样定义，因为 $\dfrac{n}{m}$ 与 $\dfrac{a'}{a}\left(\text{或 } \dfrac{b'}{b}\right)$ 大小关系尚无定义．欧多克斯巧妙地绕开了这一点，而考虑 ma' 与 na 的大小关系．

回顾无理数的发现以及由此带来的危机，可以认为，问题是由“无穷”引发的．

无理数与有理数有一个重大差别：无理数不可能有一个由整数与四则运算组成的有限表达式．

我们知道，有理数有一个有限表示式：m/n (m, n 为整数)．因此，有关有理数的运算与大小关系，都可以通过整数来表述．但无理数没有这样的表达式．一个无理数，用连分数表示时，是一个无穷的连分式；用无穷小数表示时，需要有无穷多位的小数，只有把每一位小数确定之后，才能最后确定该无理数．比如，无理数 π，在现代计算机帮助下，当今已经知道了 π 的前一百万亿位．但即使如此，我们也不能说这就确定了 π，甚至不能说“差不多”确定了 π，因为迄今为止依旧尚有无穷多位不知道．

无理数的这种“无穷性”，是造成困难的关键．

为了克服“无穷”带来的这一困难，欧多克斯在讨论无公度时的线段比值问题时，本质上就是用有理数来无限逼近无理数．在定义两个无理数 $\frac{a'}{a}$ 与 $\frac{b'}{b}$ 相等时，他实际上考虑了一切可能的不超过 $\frac{a'}{a}$ 或 $\frac{b'}{b}$ 的有理数 $\frac{n}{m}$，而这种有理数可以任意接近 $\frac{a'}{a}$ 与 $\frac{b'}{b}$．

某些极端的直觉主义者，至今拒绝承认无理数．他们认为无理数这种东西并不存在，因为它不能用有限步骤构造出来，并且超出了人的直接经验，纯属于人造的一种“怪物”．

不过，今天的大多数数学家不赞成这种看法．试想一想看，如果连无理数都不承认，那么数学还能走多远呢？

到了 19 世纪中叶，也即在古希腊人发现无理数两千多年之后，人们又再一次回到无理数的问题上．为了微积分的需要，一些数学家在集合论的框架下，给出了实数的严谨定义．

应该说，无理数引发的问题到了 19 世纪才得以真正解决．

五、从欧几里得第 5 公设到非欧几何

众所周知, 欧几里得 (Euclid, 公元前 300 年左右) 是伟大的几何学家. 他的不朽名著《几何原本》对世界的文明产生了巨大而深远的影响.

图 7　欧几里得画像

欧几里得对于 “无穷” 持有较谨慎的态度. 在他的名著《几何原本》之中, 尽量避免使用 (无穷) 直线的概念, 而是只是用 “线段” 与 “线段可以任意延

长”等说法来替代.

这里应当说明, 在通常使用的术语中, “直线”一词既可以表示两点之间的线段, 又可以表示线段无限延长后的直线. 为了区别这两种情况, 本书把前者称作直线段, 而把后者称作直线或无穷直线.

让我们来看看他在《几何原本》中的 5 条公设:

1. 任意两点之间可以连一条直线段;

2. 直线段可以任意延长;

3. 所有的直角均相等;

4. 以给定的点为心和给定的线段为半径可以作一个圆;

5. 在同一平面上, 若一条线段跟另外两条线段相交, 且使其在某一侧所形成的内错角之和小于两个直角, 则这两条线段, 向这一侧无限制延长之后, 一定相交 (见图 8).

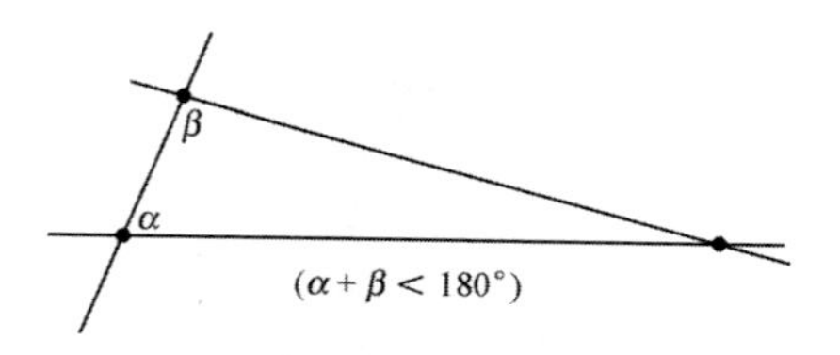

图 8　欧几里得第 5 公设

如果使用 (无穷) “直线”一词, 那么公设的第 1 条与第 2 条可以合并为一条公设: 过任意两点可以作一条 (无穷) 直线.

在第 5 公设中, 欧几里得没有像现代那样, 使用“平行直线”的概念, 而采用了上面较为复杂的说法.

这同样是为了避免使用 (无穷) 直线的概念.

如果使用平行直线概念, 那么第 5 公设等价于下列命题:

在平面上过已知直线外一点, 能且只能作一条直线与已知直线平行.

欧几里得这样做不是没有道理的: 可能在他看来, 一条 (无穷) 直线的存在性颇有问题. 有哪个人见过一条无限的直线呢? 它完全是超出了人们生活的直接经验的范畴.

尽管如此, 欧几里得仍然无法彻底摆脱 "无限". 在第 2 公设与第 5 公设中, 使用任意延长的术语, 这就隐含着 "无穷".

不直接使用 "无穷" 而将 "无穷" 隐含于某种等价叙述之中的做法, 人们称之为 "潜无穷"; 而把直截了当地使用 "无穷" 的做法称为 "实无穷".

这里我们之所以提到欧几里得的 "潜无穷", 目的在于提醒读者: 在平面几何里, 尤其在第 5 公设中, 隐藏有重大的涉及 "无穷" 的问题. 第 5 公设本质上是对不相交的无穷直线的一种刻画.

至关重要的是, 欧几里得提出了第 5 公设. 在欧几里得之前, 前 4 条公设事实上已经被广泛采用, 而第 5 公设则始自欧几里得的《几何原本》. 欧几里得看到了它的不可或缺性, 实在难能可贵. 这反映了他有过人的洞察力. 后来发生的历史性事件就充分证明了这一点. 因此, 有人说 "第 5 公设是欧几里得在《几何原本》中最重要的一句话."

从一开始, 第 5 公设就引起了争议. 因为它不像其他公设那样明显自然，不证自明. 因此，此后有相当一批数学家试图证明第 5 公设，即由其他 4 个公设推导出第 5 公设. 这种努力持续了很久，一直到两千年后建立了非欧几何才终止了下来.

在两千多年的漫长岁月中，不知道有多少数学家，为了它而耗尽了毕生的精力.

匈牙利的几何学家波约 (Bolyai) 曾写信给他儿子说:

“你会在这个问题上花费掉所有的时间，终生不能证明它 …… 这个昏无天日的黑暗将吞没成千个像牛顿那样杰出的天才.”

他的儿子就是后来非欧几何的创立人之一.

有不少的数学家宣布证明了第 5 公设，而最后还是发现其证明中实际上暗中使用到了与第 5 公设等价的命题，因而这些证明都是无效的. 在这些数学家之中，包含了著名的法国数学家勒让德 (Legendre, 1752 — 1833). 他曾一度宣布证明了第 5 公设，后来他自己找出了问题的所在.

这些不断的失败带给人们的唯一收获，就是得到了形形色色的与第 5 公设等价的命题. 除了前面已经提到的平行公设之外，下面列出其中几个较典型的命题:

三角形内角之和为 180°;

存在矩形 (即 4 个内角均为直角的 4 边形);

存在两个相似而不全同的三角形;

三角形的面积可以任意大.

人们证明了，这些命题的任何一个命题，再加上欧几里得的前 4 条公设, 就可推出第 5 公设.

这似乎有点不可思议. 这些命题表面看去, 实在看不出与第 5 公设有什么联系, 怎么会由此推出第 5 公设呢? 这也就是为什么许多人误以为自己已经证明了第 5 公设的缘由.

最不可思议的是其中的第 4 个命题: 三角形面积可以任意大就可以推出第 5 公设. 这个结论是属于高斯的.

在这个小册子里, 我们无法来证明这些命题与第 5 公设的等价性, 它超出了本书的主题. 我们在这里列举它们, 是想告诉大家这样一个事实: 一条有关平行线的公设, 即一条有关不相交的无穷直线的公设, 竟然如此深刻地影响着图形的几何性质.

长期的失败也教育了人们, 促使人们开始从不同的角度去探索这一问题.

高斯 (Gauss, 1777 — 1855) 是第一位确信第 5 公设不可能证明的数学家. 他甚至怀疑欧几里得几何的物理真实性. 他认为在现实空间中, 三角形内角之和小于两个直角, 只是通常在一个有限范围内, 三角形的三个内角之和非常接近 180°, 而人们无法察觉而已. 为此, 他在欧洲实际测量了三座山峰之间的夹角. 遗憾的是, 由于测量仪器的误差过大造成了测量的失败. 高斯是非欧几何学的首位创始人, “非欧几何” 一词也是他为新几何起的名字. 但他没有足够的勇气将其结果正式发表, 怕发表后招致 “黄蜂绕耳” 的攻击. 他只是把结果写信告诉自己的朋友.

与高斯同一时代, 另有两位较年轻的数学家, 他

图 9　高斯画像

们分别是俄国的罗巴切夫斯基 (N. E. Lobatchevsky, 1792 — 1856) 与匈牙利的波约 (J. Bolyai, 1802 — 1860). 他们先后也得到了与高斯类似的结果. 不过, 他们比高斯勇敢, 没有顾及别人的反对, 先后在 1826 年与 1832 年公开发表他们各自的结果. 他们分别将这种新几何称为 "想象中的几何" 与 "绝对空间中的科学", 实际上就是高斯所说的非欧几何.

所谓 "非欧几何" 是指, 将欧几里得的第 5 公设换成下列命题而保留其他公设所推演出来的几何:

在平面上, 过已知直线外一点, 可以作两条不同的直线与已知直线平行.

事实上, 在这个假设下过线外一点, 必有无穷条直线平行于已知直线. 如图 10 所示, 若 L_1 和 L_2 与 L 平行, 则位于它们之间的任何一条直线也一定与 L 平行.

非欧几何的建立, 打破了两千年来欧几里得几何的 "一统天下", 也促使人们对几何的意义以及它

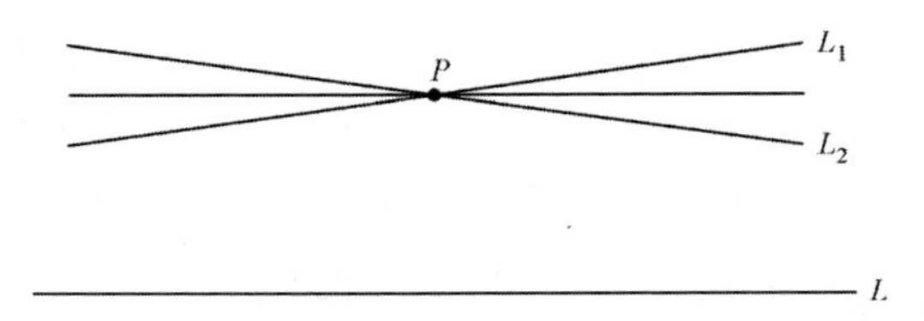

图 10　非欧几何的第 5 公设

与现实的关系改变了认识.

我们不打算在这里详细介绍非欧几何, 因为那不是本书的主题. 现在我们只想告诉大家, 在非欧几何中, 成立下列命题:

三角形的内角之和小于 180°;

没有矩形存在;

毕达哥拉斯定理不再成立, 直角三角形的边之间有更复杂的公式;

三角形相似就一定全同;

三角形的面积不会超过某一个常数.

习惯于欧几里得几何的人, 初次看到上述命题, 完全不能接受. 也正是因为如此, 非欧几何在初期遭到了来自学术界普遍的攻击. 罗巴切夫斯基本人也遭到非常不公的对待, 乃至羞辱. 后来, 在高斯去世之后, 人们发现高斯生前也有同样的研究. 凭借高斯生前的巨大声望, 人们才开始觉得非欧几何的研究可能有一点道理, 减缓了对它的批评. 但是, 对它的真实性, 还是有许多数学家对它持有否定态度.

为了说明这种新几何的真实性, 必须给它以实际模型. 高斯在研究微分几何的基础上, 证明了曲面的总曲率只依赖于曲面的第 I 基本形式, 并提出了曲面内蕴几何的观念. 高斯指出, 负曲率曲面的内蕴几何可以作为非欧几何的一种实际模型. 后来他的学生贝尔特拉米 (Beltrami, 1835 — 1899) 在伪球面上局部地实现了非欧几何. 紧接着, 著名数学家克莱因 (Klein, 1849 — 1925) 与庞加莱 (Poincaré, 1854 — 1912) 先后给出了整体实现非欧几何的模型. 其中以庞加莱的模型最为有趣. 他把平面的无穷远设想成一个巨大的圆周, 凡是与该圆周正交的圆弧或直径, 均被视作一条非欧直线. 图 11 画出了三条相交非欧直线以及它们所形成的非欧三角形. 很明显, 其三个内角之和小于 180 度.

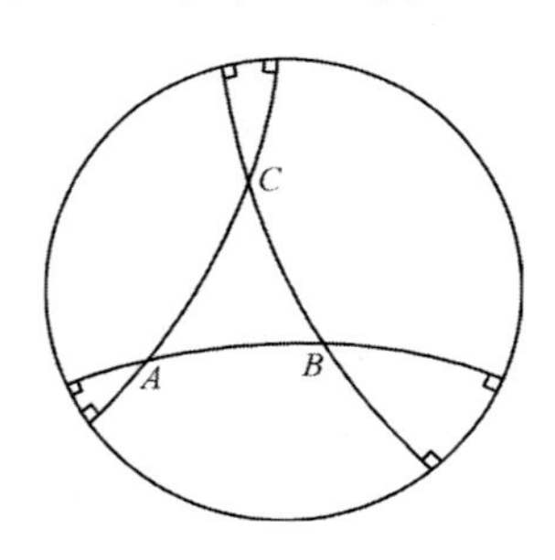

图 11　庞加莱模型中的非欧三角形

非欧几何的模型的出现增加了人们对于非欧几何的某种真实感, 它本质上是把欧氏空间中的某类曲线看作直线, 在欧氏空间中实现非欧几何的全部结论.

非欧几何的模型并未能全部解除人们的疑虑, 这里涉及一个最基本的问题: 什么是数学命题的真实性? 怎样才能判断它? 在这个问题上数学家们分作两派: 直觉主义者与形式主义者.

直觉主义者认为, 数学的命题必须与直觉相符. 但什么是直觉, 人们一时又难于讲清. 似乎这里所说的直觉, 应当是先验的、客观的、不依赖于语言的一种思维活动. 因此, 直觉主义者只承认与直觉相符的命题, 只承认能够用有限步骤构造出来的东西. 他们当然不可能承认与直觉相违背的非欧几何的真实性.

另一方面, 非欧几何的出现, 却大大鼓励了形式主义者. 形式主义者认为, 数学的命题本无所谓绝对的真假. 它的真实性取决于它所在的公理系统. 只要这个系统是无矛盾的, 它所推出的一切命题就是真实的. 系统的无矛盾性是判断真理的标准. 因此, 非欧几何的真实性问题应归于它的公理体系的无矛盾性.

形式主义的代表人物希尔伯特就雄心勃勃地希望把一切数学公理化.

现在, 让我们回到非欧几何的进一步发展上.

黎曼发展了高斯的思想, 从一种微分度量出发, 建立了一种新几何, 后人称之为黎曼几何. 它不再是关于平直空间的几何, 而是关于弯曲空间的一种几何. 欧几里得几何、球面几何与非欧几何都是黎曼几何的一种特殊情况. 我们所熟知的欧氏几何, 是这些几何中最简单的一种, 是关于曲率为零的空间 (即平直空间) 的几何. 高斯等人所建立的非欧几何是关于负曲率空间的几何.

一个很自然的问题是，我们赖以生存的现实空间，到底是哪种几何呢？

黎曼认为，关于现实空间的几何是哪种几何的问题，这不是数学的问题，应留给物理学家回答解决.

1915 年，爱因斯坦建立了全新的引力理论——广义相对论. 黎曼几何成为广义相对论的数学基础. 按照广义相对论的观点，我们的时空是一个 4 维的弯曲空间，其弯曲的程度取决于某些因素，比如所在处的质量的大小等. 质量越大，其弯曲程度越大. 物质之间的引力作用就是沿着这个弯曲空间的测地线进行的.

爱因斯坦的重大发现很快为实际观测所证实. 他的发现彻底改变了人们的时空观. 同时，它使得黎曼几何大放光彩.

从平行公设的讨论到非欧几何的建立，由非欧几何又到黎曼几何，再由黎曼几何到爱因斯坦广义相对论，这是一个何等曲折而漫长的历史链条. 回顾这段历史，我们看到，由“无穷直线”而引发的第 5 公设问题，曾给人们带来了巨大的困惑，使人们长期在暗中摸索，在经历无数次的失败之后，终于到达成功的彼岸，迎来了一个始料不及的新世界. 从这一段历史故事中，我们看到了人类追求理性完美的努力是何等的顽强，而其意义又是何等的重大.

六、“无穷小”与微积分

17 世纪的下半叶, 牛顿 (Newton, 1643 — 1727) 与莱布尼茨 (Leibniz,1646 — 1716) 分别独立地创立了微积分. 从此, 数学乃至整个自然科学进入了一个新的发展时期.

微积分在创立之后, 在许多领域中的应用取得了的巨大成功. 对于微积分在应用中的可靠性, 人们并无异议. 可是, 在微积分的逻辑基础方面, 却遭到了质疑. 这主要是, 如何看待莱布尼茨所说“无穷小量”? 或者等价地说, 如何看待牛顿所说的“瞬”(a moment)? —— 这又是一个由“无穷”而引发的问题, 不过这一次, 不是无穷大, 而是无穷小.

为了说明问题, 让我们先看一个例子. 假设有一个沿直线运动的质点, 其运动规律为 $s = at^3 + b$, 这里 t 代表时间, s 代表质点离初始位置的距离, a 与 b 是两个常数. 现在, 我们考察在某一时刻 t_0 时刻质点的瞬时速度. 按照莱布尼茨的说法, 我们先考虑一个无穷小量 $\mathrm{d}t$, 它是一个极小极小的量. 然后考虑质点从 t_0 到 $t_0 + \mathrm{d}t$ 时间段质点所走过的距离

$$\begin{aligned} s(t_0+\mathrm{d}t)-s(t_0) &= a(t_0+\mathrm{d}t)^3-at_0^3 \\ &= 3at_0^2\mathrm{d}t+3at_0(\mathrm{d}t)^2+a(\mathrm{d}t)^3. \end{aligned}$$

我们把这个量记为 $\mathrm{d}s$. 莱布尼茨认为 $\mathrm{d}t$ 是无穷小量, 故上式的最后两项是更小的量, 可以作为 0 加以忽略. 于是, 质点在 t_0 时刻的瞬时速度应该为

$$v(t_0)=\mathrm{d}s/\mathrm{d}t=3at_0^2.$$

莱布尼茨就是用这样的方式来计算一个函数 $y=f(x)$ 在一点处 x_0 的导数的, 即把函数的导数视为两个无穷小量之商: 即因变量的微分 $\mathrm{d}y=f(x_0+\mathrm{d}x)-f(x_0)$ 与自变量 $\mathrm{d}x$ 的微分之商.

这里问题是: 到底莱布尼茨所说的"无穷小"是什么? 在前面的例子中, 有时把 $\mathrm{d}t$ 当成不为零, 用它作分母; 而有时又把它当成 0 加以抛弃. 这自然就构成逻辑上的一个矛盾: "无穷小"到底是不是零?

当时, 无论是牛顿还是莱布尼茨, 他们始终都无法解释导数 (或流数) 概念中的无穷小量所带来的这一逻辑矛盾.

"无穷小"在逻辑上引发的问题, 引起了众多议论. 有些哲学家认为, 现在形式逻辑在数学中已经不完全适用了, 而需要辩证法加入. 他们认为"无穷小"既是零, 又不是零; 有时为零, 有时不为零; 而导数就是 0 比 0. 但这些说法并没有得到数学家们的认同.

此外, 有一些宗教人士跳了出来, 乘机攻击科学. 当时的红衣大主教贝克莱就挖苦说, "无穷小是那些已经死去的量的幽灵."

对于 "无穷小" 在微积分中引发的逻辑问题, 有人称为第二次数学危机.

为了解决这个问题, 也曾有人试图采用替代办法, 绕过 "无穷小" 量来定义导数. 但由于这种办法并不自然, 也不方便于应用, 没有得到人们的响应.

19 世纪 20 年代, 也就是在微积分创立一百多年之后, "无穷小" 的问题终于得到解决. 这要归功于法国数学家柯西 (Cauchy, 1789 — 1857). 他的方法是如此自然, 如此之简单, 以致使人们不禁想起我国的诗句:

"众里寻他千百度, 蓦然回首, 那人却在灯火阑珊处".

柯西把极限引入了微积分, 并用它来定义导数的概念. 与莱布尼茨不同, 柯西不再把 "无穷小" 看成是一个固定的极小的数, 而是一个趋于零的变量.

柯西关于函数导数的定义就像现代教科书中叙述的那样, 函数 $y = f(x)$ 在点 x_0 的导数, 定义为下列极限:

$$f'(x_0) = \lim_{\Delta x \to 0} \Delta y / \Delta x,$$

其中 $\Delta y = f(x_0 + \Delta x) - f(x_0)$. 这里的 Δy 与 Δx 都是无穷小量, 不过它们不再是两个固定的数, 而是两个趋于零的变量. 导数不再是两个无穷小量直接相除的结果, 而是当 $\Delta x (\Delta x \neq 0)$ 趋于零时, 商 $\Delta y / \Delta x$ 的极限. 这样, 就避免了逻辑上的混乱. 以上述质点

运动的瞬时速度为例,

$$
\begin{aligned}
v(t_0) &= \lim_{\Delta t \to 0} \Delta s / \Delta t \\
&= \lim_{\Delta t \to 0} [3at_0^2 + 3at_0 \Delta t + a(\Delta t)^2] \\
&= 3at_0^2,
\end{aligned}
$$

结果完全相同, 但再也不会出现过去的问题了.

极限的概念不仅解决了无穷小的问题, 而且澄清了微积分中的所有基本概念, 支撑着整个微积分学. 微积分中使用极限就像人用脚走路那样自然与方便.

朴素的极限思想, 古已有之, 古希腊的欧多克斯的比例论、阿基米德的"穷竭法"以及我国古代刘徽的"割圆术", 都蕴涵着极限的思想. 但明确提出极限的概念, 并把它全面应用于微积分之中的, 只有柯西, 其功不可没.

在柯西关于极限的定义中, 使用了比较含糊的用语: "无限接近", "要多接近就能够有多接近". 德国数学家魏尔斯特拉斯 (Weierstrass, 1815 — 1897) 将这些说法严格化, 那就是现代教科书中的 $\varepsilon-\delta$ 的说法. 他把极限这样的一个无限过程, 用一种有限的形式表达出来, 使极限的理论有了严格逻辑推理的基础.

七、无穷求和问题

柯西所建立的极限理论不仅为微积分奠定了逻辑基础, 而且也为级数理论提供了必要的基础, 使有关无穷求和的许多问题得以澄清.

人们在很早之前就广泛地使用着级数, 即无穷多项的和:

$$a_1 + a_2 + \cdots + a_n + \cdots ,$$

这里 a_n 称作级数的**通项**. 人们早就知道用无穷小数表示有理数:

$$\frac{1}{3} = 0.333\cdots ;$$
$$1 = 0.999\cdots .$$

这种表示办法实际上就是说:

$$\frac{1}{3} = \frac{3}{10} + \frac{3}{10^2} + \frac{3}{10^3} + \cdots ;$$
$$1 = \frac{9}{10} + \frac{9}{10^2} + \frac{9}{10^3} + \cdots .$$

这些都是无穷求和.

早在公元前 4 世纪, 亚里士多德就知道公比为小于 1 的正数的几何级数的和数. 用现代的叙述方式就是

$$\frac{1}{1-x}=1+x+x^2+\cdots(0<x<1).$$

到了 14 世纪, 人们就知道了

$$1+\frac{1}{2}+\frac{1}{3}+\cdots=+\infty,$$

这个结果是属于奥尔斯姆的. 他证明这件事的方式完全同于现代教科书中所常见的办法.

后来人们开始更一般地讨论无穷个数的求和问题, 并出现了收敛与发散的术语 (但无严格定义). 微积分创立之后, 级数更广泛地得到应用, 特别是一些函数的展开式, 比如大家所熟知的:

$$\begin{aligned}
\mathrm{e}^x&=1+x+\frac{x^2}{2!}+\frac{x^3}{3!}+\cdots,\\
\cos x&=1-\frac{x^2}{2!}+\frac{x^4}{4!}-\cdots,\\
\sin x&=x-\frac{x^3}{3!}+\frac{x^5}{5!}+\cdots.
\end{aligned}$$

在微积分创立的初期, 人们毫无顾忌地使用着无穷级数, 特别是函数的幂级展开式. 一方面导致了众多的成果, 在天文、力学和其他应用中, 级数显示了强大的威力. 而另一方面也提出了许多问题, 出现各种悖论. 其中最著名的是

$$\frac{1}{2}=1-1+1-1+\cdots.$$

它的来由是, 由等式

$$\frac{1}{1-x}=1+x+x^2+\cdots(|x|<1)$$

两边同时令 $x\to-1$ 就得到了:

$$\frac{1}{2}=1-1+1-1+\cdots.$$

人们对于这个悖论看法不一. 有些人认为它有一定的合理性, 举出这样一个故事: 兄弟二人共享祖传宝物一件, 宝物按天轮流存放于兄弟二人家中, 今天放在兄长家, 而明天则放弟弟家. 如此下去, 如果他们两家能无限延续此规则, 那么对任何一家而言, 对宝物的得失情况便是

$$1-1+1-1+\cdots.$$

由于宝物为兄弟二人所平均共有, 故让上述和等于 $\frac{1}{2}$ 是合情合理的.

人们还注意到下列事实:

$$\begin{aligned}1- 1 +1-1+\cdots\\ &=(1-1)+(1-1)+\cdots\\ &=0+0+\cdots\\ &=0;\end{aligned}$$

而另一方面又有

$$
\begin{aligned}
&1-1+1-1+\cdots \\
=&1-(1-1)-(1-1)-\cdots \\
=&1-0-0-\cdots \\
=&1.
\end{aligned}
$$

这又该作如何解释呢?

另一奇怪现象是, 级数不可以任意调整项的次序: 调整项的次序可能更改级数的值. 如果将级数

$$1-\frac{1}{2}+\frac{1}{3}-\frac{1}{4}+\frac{1}{5}-\frac{1}{6}+\frac{1}{7}-\frac{1}{8}+\cdots$$

中的某些项的次序作一些调整:

$$1-\frac{1}{2}-\frac{1}{4}+\frac{1}{3}-\frac{1}{6}-\frac{1}{8}+\cdots,$$

不难看出后者等于

$$
\begin{aligned}
&\left(1-\frac{1}{2}-\frac{1}{4}\right)+\left(\frac{1}{3}-\frac{1}{6}-\frac{1}{8}\right)+\cdots \\
=&\frac{1}{2}\left(1-\frac{1}{2}\right)+\frac{1}{2}\left(\frac{1}{3}-\frac{1}{4}\right)+\cdots \\
=&\frac{1}{2}\left(1-\frac{1}{2}+\frac{1}{3}-\frac{1}{5}+\cdots\right).
\end{aligned}
$$

这样, 若级数 $1-\frac{1}{2}+\frac{1}{3}-\frac{1}{4}+\cdots=S$, 那么调整后的级数就等于 $\frac{1}{2}S$.

这些问题的出现都促使数学家们思考: 如何对待无穷求和? 它的确切含义是什么? 它与有穷求和

有什么不同? 对于一个级数, 何时可以对其中的项的次序作出调整? 何时则不然?

柯西用他的极限理论对级数的含义作了明确解释. 他认为, 若级数

$$a_1 + a_2 + \cdots + a_n + \cdots$$

的前 n 项的和 $S_n = a_1 + \cdots + a_n$ 有极限 S, 也即 $\lim\limits_{n\to\infty} S_n = S$, 则称该无穷级数收敛, 并认为 S 就是它的值. 若 S_n 没有极限, 则称它发散, 而发散级数无值可言. 这里的 S_n 称作部分和.

柯西将收敛级数的值定义为部分和 S_n 的极限使无穷和有了明确含义. 在柯西之前, 无穷和的意义是不清楚的, 至少是十分模糊的.

柯西的这一定义, 也符合人们在大多数情况下的应用. 比如:

$$\frac{1}{3} = \frac{3}{10} + \frac{3}{10^2} + \frac{3}{10^3} + \cdots ,$$

该级数的部分和为

$$\begin{aligned} S_n &= \frac{3}{10} + \frac{3}{10^2} + \cdots + \frac{3}{10^n} \\ &= 3\left(\frac{1}{10} + \frac{1}{10^2} + \cdots + \frac{1}{10^n}\right) \\ &= 3 \times \frac{\dfrac{1}{10} - \left(\dfrac{1}{10}\right)^{n+1}}{1 - \dfrac{1}{10}} \\ &= \frac{1}{3}\left[1 - \left(\frac{1}{10}\right)^n\right], \end{aligned}$$

当 $n \to \infty$ 时, 它的极限显然是 $\frac{1}{3}$.

柯西还提出了著名柯西收敛原理以及判别级数收敛的方法.

柯西曾在巴黎科学院作过一次有关级数的学术报告, 听众中有当时德高望重的拉普拉斯 (Laplace, 1749 — 1827). 他对柯西的报告内容大为震惊. 报告结束后, 他急忙赶回家中去检查他出版的五大卷书《天体力学》. 检查后他庆幸自己在书中所使用的级数都是收敛级数.

此前, 拿破仑曾经问过拉普拉斯, 为什么在他的五卷书中无一处提到上帝, 他断然回答: "陛下, 我们不需要这种假设!" 可见, 他可以不要假定上帝的存在, 却不能不重视级数的收敛性.

在柯西的基础上, 有众多的数学家对级数作了进一步研究, 人们发现, 对于收敛级数的项可以任意加上括号, 而其值不变. 但是对于发散级数这样做就有可能改变它的发散性, 而且不同方式的括号可能导致不同结果. 这就不难解释发散级数

$$1-1+1-1+\cdots$$

经过不同的加括号之后会导致不同的结果.

柯西与其他数学家, 特别是阿贝尔 (Abel, 1802 — 1829), 研究了幂级数

$$S(x)=a_0+a_1x+a_2x^2+\cdots,$$

其中 $a_0, a_1, a_2, \cdots$ 为常数. 证明了这种级数的收敛范围是一个区间. 在收敛区间内可以逐项求导数.

若在收敛区间的端点 x_0 处收敛, 则有 $\lim\limits_{x\to x_0} S(x) = S(x_0)$. 若在 x_0 处发散, 则不可以这样做. 在前面的讨论中曾经涉及幂级数

$$\frac{1}{1-x} = 1 + x + x^2 + \cdots (|x| < 1).$$

它的收敛区间是 $(-1,1)$. 而在端点处都是发散的, 因而不能对两端的各项取极限. 这就表明前面导出的

$$\frac{1}{2} = 1 - 1 + 1 - 1 + \cdots$$

就是由于采用了这种"不合法"的取极限过程.

为了探讨移项对级数的影响, 黎曼注意到级数中绝对收敛与条件收敛的差别. 若

$$|a_1| + |a_2| + \cdots + |a_n| + \cdots$$

收敛, 则称级数

$$a_1 + a_2 + \cdots + a_n + \cdots$$

为**绝对收敛**. 这里 $|a_n|$ 表示 a_n 的绝对值.

可以证明绝对收敛的级数本身一定收敛.

若

$$a_1 + a_2 + \cdots + a_n + \cdots$$

收敛, 而

$$|a_1| + |a_2| + \cdots + |a_n| + \cdots$$

发散, 则称 $a_1 + a_2 + \cdots + a_n + \cdots$ 为**条件收敛**. 黎曼指出, 对于绝对收敛级数可以任意调整其中项的次序, 而其值不变. 但是, 对于条件收敛级数则不然.

级数

$$1 - \frac{1}{2} + \frac{1}{3} - \frac{1}{4} + \cdots$$

是一个典型的条件收敛级数.

黎曼证明了, 对于一个给定的条件收敛级数, 经过适当调整项的次序之后, 总可以收敛到一个事先给定的任意值.

这样, 我们就不难理解, 前面所讲的, 级数

$$1 - \frac{1}{2} + \frac{1}{3} - \frac{1}{4} + \cdots$$

经过某些调整之后会改变其值.

在这个小册子中, 我们不可能详细介绍级数理论, 这里只想告诉读者, 无穷个数相加与有限个数相加相比, 有原则性差别: 有限运算下的许多规则可能不再适用于无穷求和. 好在数学家已经做了充分的研究, 告诉我们何时保留了这些规则, 何时则不然. 这就是说, 即使在无穷的 "天国" 里, 事情依然是有规律可循的.

后来人们对于柯西关于级数收敛的概念作了进一步研究, 有所谓广义收敛的概念, 换句话说, 人们把某些发散级数也做了赋值. 比如, 在一定意义下认为

$$\frac{1}{2} = 1 - 1 + 1 - 1 + \cdots .$$

令人奇怪的是, 这种广义收敛下的级数居然也有应用.

八、康托尔其人

19 世纪末, 德国数学家康托尔 (Cantor, 1845 — 1918) 建立了集合论. 人们对 "无穷" 的认识, 进入了一个新的阶段. 详细介绍康托尔的集合论是下一章要做的事. 这里, 我们主要是介绍康托尔其人, 以及数学界当时关于康托尔集合论的争议.

康托尔 1845 年 3 月出生在俄国圣彼得堡. 1856 年因父病, 移居德国. 1860 年康托尔高中毕业, 1862 年进入瑞士苏黎世高工 (ETH, Zurich), 开始研究数学. 一年之后又转入柏林大学, 听过著名数学家魏尔斯特拉斯和克罗内克 (Kronecker, 1823 — 1891) 等人的课程. 1867 年, 他在柏林大学得到博士学位, 其学位论文是关于数论的.

大学毕业后, 他在德国哈耳大学 (University of Halle) 找到一份工作, 并且在那里度过了他的一生. 他曾多次希望能回到柏林工作, 但这个愿望, 由于种种原因而始终未能实现.

康托尔研究过数论, 后来转向研究三角级数, 并成功地解决了三角级数的唯一性问题. 此外, 他还

图 12　康托尔

发表一篇有关实数定义的重要文章. 他用收敛的有理数序列给出了无理数的定义. 当时, 他与戴德金 (Dedekind, 1831 — 1916) 是好朋友. 后来, 戴德金发表了他的用分割有理数来定义实数的著名文章, 其中就引用了康托尔的上述论文.

康托尔关于集合论的研究开始于 1874 年. 他研究集合论跟他从事三角级数的唯一性问题有关. 为了研究这个问题, 他引进了关于直线上点集合的某些点集拓扑的概念, 同时探讨了许多前人未曾碰到的结构复杂的实数集合. 这构成了他研究集合论的开端. 他首先注意到了集合间的一一对应的重要性, 用一一对应来定义集合 “个数”, 并用来比较无穷集合元素的 “多少”. 他发现了无理数要 “多” 于有理数, 超越数要 “多” 于代数数. 此外, 他还发现, 对于任意一个集合, 都可以构造一个新集合, 使之 “多” 于原来集合. 他提出了超限数的概念.

康托尔的这些发现, 在当时学术界引起了轩然大波. 很多著名的数学家, 包括克罗内克、外尔 (Weyl, 1885 — 1955)、庞加莱 (Poincaré, 1854 — 1912) 等人, 认为康托尔的有关无穷集合和超限数的理论, 不是数学, 而是一种神秘主义, 是完全不可接受的. 在这些批评中, 有些是十分激烈的, 甚至有人公开把他说成 "科学的骗子"、"青年人的败坏者"、破坏数学精神的 "重大传染病". 有人则认为 "康托尔的工作是向上帝提出的挑战".

这些人对康托尔的批评不是没有原因的. 克罗内克是直觉主义的代表人物. 他的一句名言是: "上帝创造了正整数, 而其他的是人造的." 直觉主义者认为如果你要证明什么, 就应当一步一步地构造出来. 因此, 他们认为在没有任何构造性条件下使用集合一词, 本身就是荒谬的.

我们不能认为这些批评完全是毫无道理的. 后来发展的历程表明, 必须对集合一词严加 "约束".

集合论问世之后, 经过康托尔的惨淡经营, 到了 19 世纪 90 年代才逐渐为大多数数学家承认.

魏尔斯特拉斯曾同情集合论. 而希尔伯特则是集合论的积极捍卫者与倡导者. 他高度评价了康托尔的工作. 他认为康托尔的工作把人们引导到 "无穷的天堂", 并说 "没有任何人能把我们从康托尔创建的天堂里赶出来". 希尔伯特在 1900 年世界数学家大会上发表了重要讲话, 向全世界数学家提出了 23 个重要问题. 他把证明康托尔的连续统假设, 列为 23 个问题的榜首.

图 13　希尔伯特画像

1904 年, 英国伦敦皇家协会, 把它的最高荣誉奖 —— 西里威斯特奖章, 授予了康托尔.

随着时间的推移, 集合论的许多基本概念逐步渗透到各个领域. 实际上, 数学的各个分支的研究对象就成了具有特定结构的集合, 如群、环、拓扑空间, 诸如此类. 当今绝大多数数学家已经接受了康托尔的理论. 康托尔使用的术语, 如集合的势, 可数或不可数等概念, 早已成为现代数学各分支的基本术语. 集合论的诞生实际上标志着现代数学的一个崭新时代的开始.

九、在康托尔的无穷王国里

现在, 让我们到康托尔所创建的无穷王国里游览一番, 看看其中的奇特景色.

我们从什么是集合说起.

1874 年, 康托尔曾给集合以下列定义: 一个集合是若干确定的、可区别的事物之总体. 比如, 全体正整数组成一个集合, 数学上通常记作 $\mathbf{N}_+$, 也即 $\mathbf{N}_+ = \{1, 2, \cdots\}$; 类似地, 可以考虑全体实数的集合 $\mathbf{R}$, 以及全体有理数的集合 $\mathbf{Q}$. 又比如, 全体定义在 $[0, 1]$ 区间上的函数, 一个给定的圆周上的全体点, 在某一版本的《红楼梦》中出现的全体不同汉字, 北京市某一个中学现在的全体教师, 等等都构成了集合.

集合中的事物被称为该集合的元素. 如果 a 是集合 A 的一个元素, 则称 a 属于 A, 记作 $a \in A$.

康托尔的集合论的主要贡献是利用集合元素间的一一对应, 来研究无穷集合的元素 "个数". 1878 年, 康托尔在一系列重要发现的基础上, 提出了集合的势的概念, 将有穷集合的元素个数的概念推广到无穷集合上.

假定有两个集合 A 与 B, 它们的元素分别用 a 与 b 表示. 假如我们有一种映射 $f: A \to B$, 使得 A 中任何一个元素 a 都有一个元素 $b \in B$ 与之对应, 并且不同的 a 对应于不同的 b, 而且 B 中每个元素都被对应到, 这时我们称映射 $f: A \to B$ 是一个一一对应.

显然, 5 个手指的集合与 5 个苹果的集合, 可以有一个一一对应. 凡是与 5 个手指能建立一一对应的集合, 其元素的个数都是 5.

当集合元素个数为有限时,两个集合有相同个数的充分与必要条件, 是两个集合能够建立一个一一对应.

康托尔把这一观察推广到任意集合上.

设有两个集合 A 与 B. 若在 A 与 B 之间有一个一一对应, 则称它们有相同的 "势". 若 A 与 B 的某个子集合 B' 之间有一个一一对应, 但 A 与 B 之间没有一一对应, 则称 B 的势大于 A 的势.

人们接受集合的势的概念并不困难. 但是当我们所考察的集合为无穷集合时, 立刻就会发现一些十分令人惊讶的现象, 而这些奇特现象在有限集合中不可能发生.

例 1 全体正整数的集合 $\mathbf{N}_+ = \{1, 2, 3, \cdots\}$与全体正偶数的集合 $\mathbf{N}^* = \{2, 4, 8, \cdots\}$有相同的势, 因为映射 $n \to 2n$ 就是 $\mathbf{N}_+$ 到 $\mathbf{N}^*$ 的一个一一对应 (见图 14). 一个集合竟然与它的一个真子集合有相同的势.

$$
\begin{array}{ccccccc}
1, & 2, & 3, & 4, & \cdots, & n, & \cdots \\
\downarrow & \downarrow & \downarrow & \downarrow & & \downarrow & \\
2, & 4, & 6, & 8, & \cdots, & 2n, & \cdots
\end{array}
$$

图 14　正整数集合与正偶数集合有相同的势

例 2　两个不同半径的同心圆周上的点集合有相同的势, 见图 15.

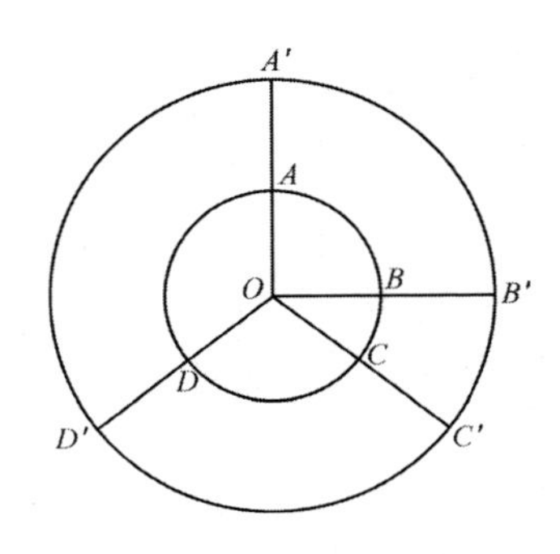

图 15　两个不同的圆周上的点集合等势

例 3　全体实数的集合 $\mathbf{R}$ 与 $(0,1)$ 区间中的点集合, 有相同的势. 事实上, 半圆周可以与整个数轴建立一一对应, 而半圆周又可以与 $(0,1)$ 区间建立一一对应 (见图 16).

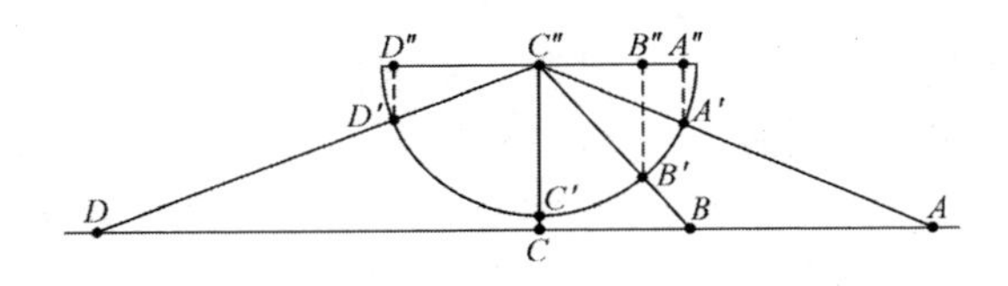

图 16　数轴与 (0,1) 区间的一一对应

如果一个集合 A 与正整数集合 $\mathbf{N}_+ = \{1, 2, 3, \cdots\}$ 可建立一一对应, 则称集合 A 为**可数集合**. 显然, 一个集合是可数集合的充分与必要条件, 是它的全部元素可以排列成一个序列. 正因为如此, 可数集合又称为**可列集合**.

例 4 (0,1) 中的有理数集合是可数集合.

将这样的有理数排成一个序列的办法很多, 下面的办法就是其中的一个:

$$\frac{1}{2}, \frac{1}{3}, \frac{2}{3}, \frac{1}{4}, \frac{3}{4}, \frac{1}{5}, \frac{2}{5}, \frac{3}{5}, \frac{4}{5}, \cdots.$$

读者可能已经看出了这里的办法: 先排列分母为 2 的分数; 再排列分母为 3 的分数, 凡是已经出现过的分数不再重排. 如此下去, 任何一个在 (0,1) 中的分数, 都会被列入.

不仅 (0,1) 中的有理数是可数的, 而且全体有理数集合$\mathbf{Q}$也是可数的. 读者不妨试着去证明它.

例 5 希尔伯特旅馆.

著名数学家希尔伯特曾经讲过一个有关无穷的故事, 其梗概如下:

设想有一家旅馆, 它有无穷多个房间可供旅客居住. 这些房间各有编号 $1, 2, 3, \cdots$. 一天, 当旅馆已经挂起"客房已满"的牌子后, 又来了一群客人, 共计 m 个 (m 为有限数), 要求住下. 老板这时毫不为难, 立刻命令原来的旅客, 每一人都要从原来房号向后平移 m 个房间, 即原来的 1 号房间客人搬到 $m+1$ 号, 原来住在 2 号房间的客人搬到 $m+2$ 号, 余此类推. 这样, 就腾出了 m 个房间, 满足了新来客人的要求. 后来, 又来了一批客人, 这次是无穷多个人, 排了一个长长的队. 老板又有了新招: 他命令, 所有原来住在 1 号的客人搬到 2 号去住, 原来住在 2 号的客人搬到 4 号去住, 而原来住在 3 号的客人搬到 6 号去住 …… 在搬完后, 将所有新来的客人按照排队的次序, 安排在已经腾空的奇数号房间之中.

希尔伯特旅馆的故事告诉我们下列命题成立:

一个可数集合与一个有限集合之并集是一个可数集合.

两个可数集合的并集是一个可数集合.

另外我们还容易证明, 任何一个无穷集合都有一个可数子集合. 事实上, 设 A 为一个无穷集合, 在其中选出一个元素 a_1, 那么余下的元素所组成的集合 $A\setminus\{a_1\}$ 还是无穷集合. 可以再在其中选出一个元素 $a_2\in A\setminus\{a_1\}$. 余下的元素还有无限多个, 于是有 $a_3\in A\setminus\{a_1,a_2\}$. 如此继续下去, 我们就得到了 A 的一个可数子集合 $\{a_1,a_2,a_3,\cdots\}$.

可见, 在无穷集合中, 可数集合的势最小.

早在提出 "势" 的概念之前, 1873 年康托尔就有一个重要的发现: 实数集合 $\mathbf{R}$ 是不可数的.

康托尔起初的证明较为复杂, 后来他给出了一个优美而简短的证明. 下面我们来叙述这个证明的思想.

在证明之前, 我们首先指出, 区间 (0,1) 中任何一个实数 a 都可表成无穷小数

$$a=0.\alpha_1\alpha_2\alpha_3\cdots\alpha_n\cdots,$$

其中 α_n 代表第 n 位小数, 它在 0 至 9 的整数中取值. 此外, 我们约定, 在上述表示中不允许自某一位开始全为 9. 在这种约定下, 每一个实数的小数表示都是唯一的.

用反证法. 假定 $\mathbf{R}$ 是可数的, 那么 (0,1) 中的全体实数也是可数的, 并假定已经把它们无一遗漏地排成一个序列

$$a_1, a_2, a_3, \cdots, a_n, \cdots.$$

我们用无穷小数来表示这些数. 设它们表成

$$\begin{aligned}
a_1 &= 0.\boxed{\alpha_1^1}\,\alpha_2^1\alpha_3^1\cdots\alpha_n^1\cdots, \\
a_2 &= 0.\alpha_1^2\,\boxed{\alpha_2^2}\,\alpha_3^2\cdots\alpha_n^2\cdots, \\
a_3 &= 0.\alpha_1^3\alpha_2^3\,\boxed{\alpha_3^3}\,\cdots\alpha_n^3\cdots, \\
&\cdots\cdots\cdots\cdots \\
a_n &= 0.\alpha_1^n\alpha_2^n\alpha_3^n\cdots\,\boxed{\alpha_n^n}\cdots,
\end{aligned}$$

这里的每一个 α_k^n 在 0 至 9 的整数中取值. 细心的读者很快就会发现这里写法上的规律: α_k^n 代表的是第 n 个数 a_n 的第 k 位小数的值. 比如, α_7^4 就代表 a_4 的第 7 位小数的值.

在上述表示式中, 我们对于 α_n^n 加了一个方框. 这是为了提醒读者关注这些数, 我们将利用它们来构造一个新数.

我们现在构造一个新的数

$$b = 0.\beta_1\beta_2\beta_3\cdots\beta_n\cdots,$$

其中 β_n 是由上述排列中带框的 α_n^n 改造而得, 如果 $\alpha_n^n \neq 9$, 则 $\beta_n = \alpha_n^n + 1$; 如果 $\alpha_n^n = 9$, 则 $\beta_n = 0$.

这样得到的数 b 就不可能出现在上述序列之中. 事实上, 假如它出现在上述序列中, 比如 $b = a_k$, 那么它们的第 k 位应该相等, 即 $\beta_k = \alpha_k^k$. 但此为不可能. 事实上, 根据 β_k 的定义, $\beta_k \neq \alpha_k^k$. 这就导致了矛盾, 从而证明了我们要的结论.

上述证明的方法就是著名的康托尔对角线方法.

通常, 实数集合的势记为 c, 并称之为**连续统的势**. 由例 4 可知, $(0,1)$ 区间中的点集合的势也是 c.

由实数集合的不可数性和有理数集合的可数性, 立即推出无理数集合的势也是不可数的. 事实上, 若无理数集合也是可数的, 即导致它与可数的有理数集合之并集 (即全体实数) 也应该是可数的, 矛盾.

如此看来, 无理数要 “多于” 有理数.

作为实数集合不可数性的一个应用, 康托尔证明了超越数是不可数的.

我们来解释什么是超越数. 所谓超越数, 就是指非代数数的实数; 而所谓代数数是指满足某个整系数的代数方程的数. 比如, $\sqrt{2}$ 满足方程 $x^2 - 2 = 0$, 故 $\sqrt{2}$ 为代数数. 现在, 人们已经知道, 数 π 与 e 都是超越数, 也即它们不满足任何整系数的代数方程.

1851 年, 刘维尔 (Liouville, 1809 — 1882) 证明了超越数的存在性. 1875 年, 康托尔证明了代数数的可数性, 进而导出了超越数的不可数性 (实际上, 其势为 c). 这样, 超越数就 “多于” 代数数.

1877 年, 康托尔发现了一个令人意外的结果: 单

位正方形 $S=\{(x,y):0<x<1,0<y<1\}$ 的点集合可以与 $(0,1)$ 区间上的点集合建立一一对应.

这个结论的证明并不难, 只要用实数的小数表示, 构造一个从 S 到 $(0,1)$ 区间的一一对应即可. 读者不妨自己试一试.

由此推出, 平面上的点集合与直线上的点集合有相同的势 c.

这个结果实际上又可推广成下列结论: n 维欧氏空间的势都是 c. 在康托尔得到这个结果时, 他一时难以置信: 欧氏空间中的点集合的势竟然跟空间的维数无关!? 他曾写信给戴德金说: "我看到了这个事实, 但我并不相信它!"

最后, 我们解释康托尔的另一项重要贡献: 他证明了集合的势可以任意大, 并提出了连续统假设.

康托尔考察了一个给定集合的所有子集合所组成的集合, 并证明了这种集合的势, 要大于原来给定集合的势.

我们先从有限集合说起. 设有一个 3 个元素的集合

$$A=\{a,b,c\}.$$

我们要看看它有多少个子集合. 很明显, 下面的集合都是它的子集合:

$$\{a\},\{b\},\{c\},\{a,b\},\{b,c\},\{c,a\},\{a,b,c\}.$$

此外, 根据约定, 空集合 $\varnothing$ 也是它的一个子集合. 这样一共有 8 个子集合. 这个数目 8 也可以用组合数

的办法求得

$$\mathrm{C}_3^0+\mathrm{C}_3^1+\mathrm{C}_3^2+\mathrm{C}_3^3=(1+1)^3=2^3.$$

这里用到了二项式展开公式, 其中 C_m^n 表示 m 个元素中取 n 个元素的组合数.

由此, 我们立刻发现 n 个元素的集合的一切子集合所组成的集合共有 2^n 个元素.

康托尔把一个集合 A 的所有子集合组成的集合, 称为 A 的**幂集合**, 有时记作 $P(A)$.

1883 年, 康托尔证明了一个重要结果: 任意一个集合 A 的幂集合 $P(A)$ 的势要大于集合 A 的势.

若集合 A 的势为 a, 通常将 A 的幂集合 $P(A)$ 的势记为 2^a.

可以证明, 自然数集合 $\mathbf{N}_+$ 的幂集合 $P(\mathbf{N}_+)$ 的势为 c. 因此, 若以 α 表示可数集合的势, 那么 $c=2^\alpha$.

康托尔的上述结果告诉人们, 对于任意给定的一个集合 A, 我们总可以另外构造一个集合 B, 使得 B 的势大于 A 的势.

康托尔设想, 所有无穷集合的势可以按照其大小排列起来

$$\aleph_0<\aleph_1<\aleph_2<\aleph_3<\cdots,$$

其中 $\aleph$ 读为 "阿列夫", 是希伯来字母. 这里的 $\aleph_0$, $\aleph_1,\aleph_2,\cdots$, 被称为超限数.

可数集合的势 α 是无穷集合中的最小的势, 可见, $\aleph_0=\alpha$. 康托尔进一步设想在可数集合的势 α

与连续统的势 c 之间不再有任何集合的势. 换句话说, 不存在一个集合, 其势大于可数集合的势, 而小于连续统的势. 这就是著名的康托尔**连续统假设** (continuum hypothesis).

这个假设可等价叙述为 $\aleph_1 = c$, 其中 c 为连续统的势.

康托尔确信他提出的连续统假设是成立的, 并花了很多年时间试图证明它, 始终未获得成功. 他曾为此相当郁闷.

随着集合论的发展, 新的矛盾又产生了. 从 19 世纪末开始出现了一系列的悖论, 它们都告诉人们集合论内部存在着巨大危机, 它将危及所有以集合论为基础的数学理论. 人们通常称之为 "第三次数学危机".

这一系列的悖论中包括了康托尔本人的悖论: 假定集合 A 是所有集合的集合, 那么 A 的势应该是最大的. 但是根据康托尔定理, A 的幂集合的势应该比它大. 这就导致了矛盾.

1901 年, 数理逻辑学家罗素 (Russell, 1872 — 1970) 提出一个著名的悖论. 他将集合分成两类: 一类集合是它以自身为其元素, 另一类则不然. 通常我们所遇到的集合大多数都属于后一类, 比如全体实数的集合 $\mathbf{R}$, 它不再是一个实数, 因此 $\mathbf{R} \notin \mathbf{R}$. 但是有些集合却可以以它自身为其元素. 比如我们考虑一个非空集合 B, 并考察一切与 B 相交的集合 Y 所组成的集合 Z, 即

$$Z = \{Y | Y \bigcap B \neq \varnothing\}.$$

由于 $B \in Z$, 所以 $Z \bigcap B \neq \varnothing$. 根据 Z 的定义, $Z \in Z$, 也即 Z 以自身为其元素.

罗素考虑所有不以自身为元素的集合的集合, 也即 $A = \{X | X \notin X\}$, 那么现在的问题是集合 A 是否属于 A? 如果 $A \in A$, 那么根据 A 的定义, 就应该得出 $A \notin A$. 如果 $A \notin A$, 那么根据 A 的定义, 就应该得出 $A \in A$.

为了解释他的这一悖论, 他举出了一个理发师的悖论: 某个村庄有一个理发师, 他宣称: 他要给村里一切不给自己刮胡子的人刮胡子, 而不给自己刮胡子的人刮胡子, 那么, 该理发师是否给自己刮胡子呢? 他无论何种回答, 都与自己的话矛盾.

罗素悖论在当时产生了巨大影响. 可以说, 它动摇了整个数学的基础. 事实上, 当时数学界正在满怀信心地沿着希尔伯特倡导的公理化道路前进, 不仅为实数理论建立了完整的公理系统, 而且进一步又把自然数归结为集合论与公理系统. 这样做的代表人物为戴德金与弗雷格. 罗素悖论一出, 等于告诉人们: 集合论不可靠. 这样, 建立在集合论基础上的数学大厦就失去了坚实的根基. 戴德金原本正要把他的书《连续性与无理数》第三版付印, 在他得知罗素悖论之后决定抽回原稿, 不再出版. 而弗雷格则在他正要出版的书中写道: "一位科学家不会碰到比这更难堪的事情了, 即在工作完成之时, 它的基础跨掉了. 当本书等待付印的时候, 罗素先生的一封信把我置于这种境地." 人们又对集合论产生了怀疑. 这些悖论都表明, 不加节制地使用集合的概念会导致矛盾.

现在我们没有办法给集合以新定义, 因此解决这些矛盾的唯一办法是, 在康托尔的朴素集合论基础上添加一系列的公理, 对于我们能干些什么, 必须加以限制. 这样, 就产生了公理化集合论. 朴素集合论从此进入了公理化集合论时代.

公理化集合论开始于策梅洛 (Zermelo, 1871 — 1953). 他引进了七条公理 (这里不打算介绍这些公理). 他希望用这些公理来防止滥用集合, 使之不要太广泛, 从而避免使用 "所有对象" 之类的术语, 消除各种悖论产生的根源. 后来, 弗兰克尔 (Fraenker, 1891 — 1965) 对策梅洛系统作了修正, 形成最常见的策梅洛–弗兰克尔 (Zermelo-Fraenkel) 公理系统 (简记为 ZF), 此外, 最常见的公理还有策梅洛选择公理 (记作 AC 或 C). 人们有时会将两者合在一起使用 (记为 ZFC). 在一般数学问题中, 有了它们已经足够了. 不过在专门的集合论研究中, 还有许许多多的其他公理系统. 有兴趣的读者可以读一读胡作玄著《第三次数学危机》.

顺便, 让我们谈谈关于康托尔连续统假设的讨论. 它与公理化集合论的研究紧密相关, 其中值得提到的较重要的成果是, 1946 年哥德尔 (Gödel, 1906 — 1978) 结果和 1963 年科恩 (Paul Cohen) 的结果. 将两个人的结果合起来就得到下面的结论: 使用 ZFC 公理系统, 既不能证明、也不能推翻连续统假设. 换句话说, 连续统假设独立于 ZFC 公理系统.

由此可见, 当年康托尔没有能证明连续统假设,完全是情有可原的事.

在 19 世纪末和 20 世纪初由于有关集合论的悖论而引发的关于数学基础的问题, 人们称之为第三次数学危机. 迄今为止, 还很难说这次危机已完全过去. 人们制造了一大堆非常繁琐的公理, 但仍然还会出现矛盾, 于是再去添加新的公理. 有人说, “数学的确定性也因此而正在一步步地丧失”. 但是, 当代的大多数数学家, 并不关注这些讨论. 他们认为, 对于他们所研究的问题而言, 有了 ZFC 系统已经足够了. 至于其他更复杂的系统, 他们的态度是 “事不关己, 高高挂起”.

旧的矛盾解决了, 新的矛盾又出现了. 世界是如此, 数学也是如此.

参 考 文 献

[1] 李文林. 数学史概论. 北京: 高等教育出版社, 2002.

[2] 伽莫夫. 从一到无穷大. 暴永宁译, 吴伯泽校. 北京: 科学出版社, 2005.

[3] 李大潜. 黄金分割漫话. 北京: 高等教育出版社, 2007.

[4] 胡作玄. 第三次数学危机. 成都: 四川人民出版社, 1985.

[5] 李忠, 周建莹. 双曲几何. 长沙: 湖南教育出版社, 1998.

郑重声明

高等教育出版社依法对本书享有专有出版权。任何未经许可的复制、销售行为均违反《中华人民共和国著作权法》，其行为人将承担相应的民事责任和行政责任；构成犯罪的，将被依法追究刑事责任。为了维护市场秩序，保护读者的合法权益，避免读者误用盗版书造成不良后果，我社将配合行政执法部门和司法机关对违法犯罪的单位和个人进行严厉打击。社会各界人士如发现上述侵权行为，希望及时举报，我社将奖励举报有功人员。

反盗版举报电话 （010）58581999 58582371

反盗版举报邮箱 dd@hep.com.cn

通信地址 北京市西城区德外大街4号 高等教育出版社法律事务部

邮政编码 100120

读者意见反馈

为收集对教材的意见建议，进一步完善教材编写并做好服务工作，读者可将对本教材的意见建议通过如下渠道反馈至我社。

咨询电话 400-810-0598

反馈邮箱 hepsci@pub.hep.cn

通信地址 北京市朝阳区惠新东街4号富盛大厦1座

高等教育出版社理科事业部

邮政编码 100029